BEI GRIN MACHT SICH IHR WISSEN BEZAHLT

- Wir veröffentlichen Ihre Hausarbeit, Bachelor- und Masterarbeit

- Ihr eigenes eBook und Buch - weltweit in allen wichtigen Shops

- Verdienen Sie an jedem Verkauf

Jetzt bei www.GRIN.com hochladen und kostenlos publizieren

Bibliografische Information der Deutschen Nationalbibliothek:

Die Deutsche Bibliothek verzeichnet diese Publikation in der Deutschen National-
bibliografie; detaillierte bibliografische Daten sind im Internet über http://dnb.d-
nb.de/ abrufbar.

Impressum:

Copyright © 2016 GRIN Verlag, Open Publishing GmbH
Druck und Bindung: Books on Demand GmbH, Norderstedt Germany
ISBN: 9783668349988

Dieses Buch bei GRIN:

http://www.grin.com/de/e-book/344758/der-stern-gerlach-versuch

Marvin Kemper, Tim Spürkel

Der Stern-Gerlach Versuch

Versuchsprotokoll

GRIN Verlag

BERGISCHE UNIVERSITÄT WUPPERTAL
FAKULTÄT FÜR
Mathematik und Naturwissenschaften
FACHGRUPPE PHYSIK

FORTGESCHRITTENEN PRAKTIKUM

Stern-Gerlach-Versuch

Marvin Kemper und Tim Spürkel

Abstract (Kurzbeschreibung)

Die räumliche Quantelung des Drehimpulses konnte nachgewiesen und der Lande g Faktor auf $1,676 \pm 0,085$ bestimmt werden. Außerdem ergab sich für die Verdampfungsenthalpie von Kalium ein Wert von $(0,76 \pm 0,04)$eV.

Durchgeführt am: 15.12.2015 Protokollfertigstellung: 18. Januar 2016

Bewertung Protokoll	max. %	+/0/-	erreicht %
Formales	6		
Einleitung & Theorie	6		
Durchführung Auswertung phys. Diskussion Zusammenfassung	33		
Qualität der Messung	15		

Inhaltsverzeichnis

Abbildungsverzeichnis

Tabellenverzeichnis

1 Einführung

Der Versuch wurde 1921 von Otto Stern und Walther Gerlach durchgeführt und
dadurch erstmals die Richtungsquantelung von Drehimpulsen durch ein Experiment nachgewiesen.??

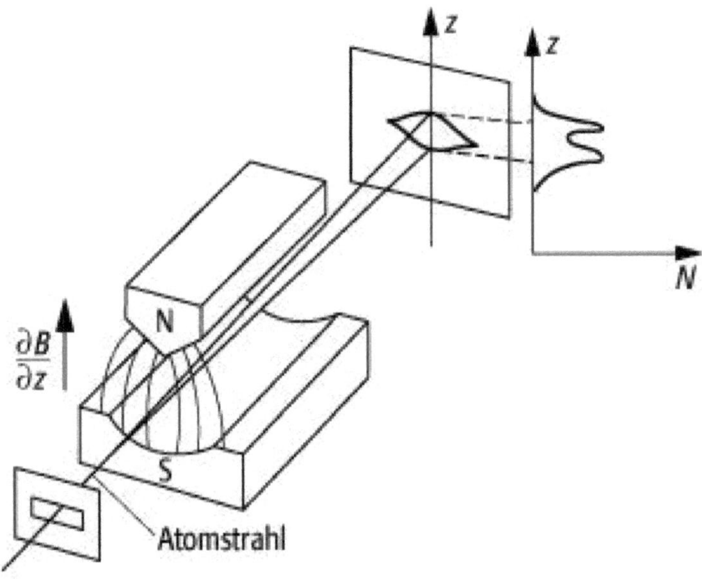

Abbildung 1: Schema des Experiments??

Die Messung erfolgt in diesem Versuch mit einem Kalium Atomstrahl, der durch
ein inhomogenes Zweidraht-Magnetfeld geleitet wird. Wegen der Kopplung von
magnetischem Moment und Spin spaltet der Strahl in zwei Maxima auf, die den
beiden möglichen Spinzuständen des S-Elektrons im Kalium entsprechen.

2 Theorie/Aufbau

Die Theorie und der Aufbau des Versuches basiert auf dem Musterprotokoll von
Klaus Hamacher (vgl. XXX) und ist diesem zu entnehmen.

3 Durchführung und Kalibration

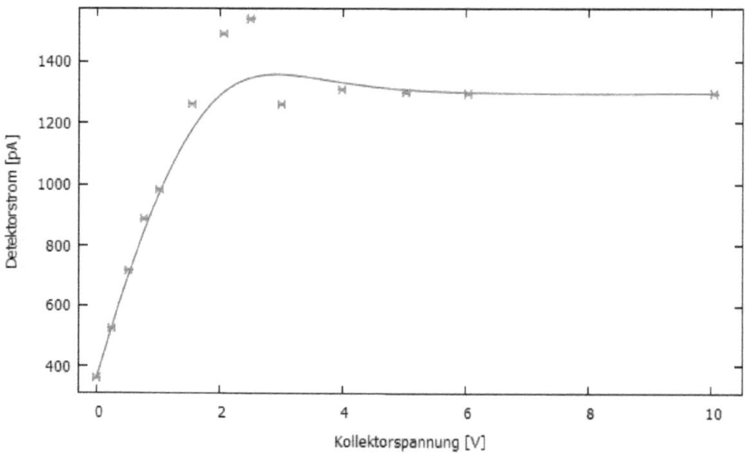

Abbildung 2: Der Detektorstrom wurde bei geöffnetem Strahlengang gegen die Kollektorspannung aufgetragen.

Am Morgen der Messungen wurde zuerst der Druck in der Apparatur überprüft, der bei ca. $3 \cdot 10^{-6}$bar lag, was für diesen Versuch ausreichend niedrig ist. Anschließend wurde der Ofen für einige Minuten auf ca. 200°C erhitzt und die Kühlfalle mit flüssigem Stickstoff befüllt. Während die Temperatur des Ofens auf ca. 170°C gesenkt wurde, wurde der Magnet durch mehrfaches Umpolen entmagnetisiert. Nach vollständiger Entmagnetisierung des Magneten und erreichen einer stabilen Temperatur des Ofens wurde mit den Kalibrationsmessungen begonnen. Um einen idealen Arbeitspunkt einstellen zu können, wurde die Abhängigkeit des Detektorstroms zur Kollektorspannung und zum Heizstrom, sowie das Signal/Rausch-Verhältnis untersucht.

Dazu wurde der Detektorstrom bei einem festen Heizstrom von ca. 1A, bzw. bei einer festen Kollektorspannung von 6V gemessen. In Abbildung 2 ist zu sehen, dass bei einer Kollektorspannung von ca. 3V der Detektorstrom ein Plateau von ca. 1300pA erreicht, es bietet sich an mit einer Spannung auf diesem Plateau zu arbeiten, da hier selbst große Schwankungen der Spannung nur kleine Änderungen des Stromes bewirken. Bis zu einem Heizstrom von ca. 0,8A war kein Detektorstrom messbar, bei größeren Strömen stieg der Detektorstrom rasant, bis zu seinem Maximum bei ca. 1,1A, nach welchem er wieder leicht abfällt (Abbildung 3).

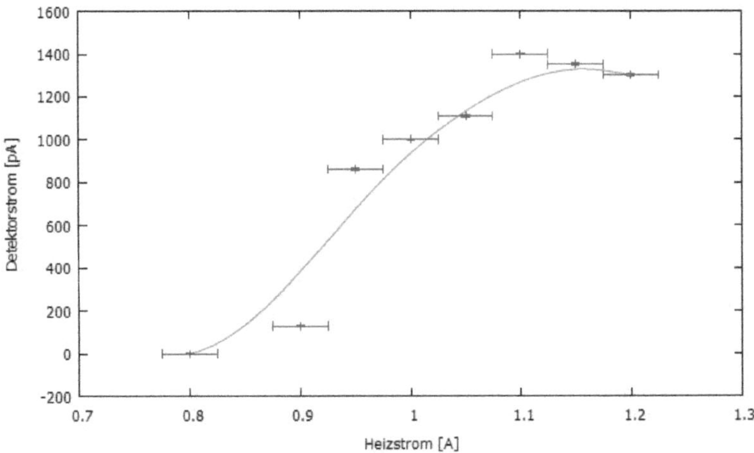

Abbildung 3: Der Detektorstrom in Abhängigkeit des Heizstromes bei geöffnetem Strahlengang.

Da der Detektorstrom bei geschlossenem Strahlengang (Abbildung 4) annähernd exponentiell mit der Heizspannung steigt, ist das Signal/Rausch-Verhältnis für Messungen bei niedrigen Heizspannungen am besten. Aufgrund dieser Ergebnisse wurde der Arbeitspunkt auf 1A Heizstrom bei 6V Kollektorspannung gewählt, das Signal zu Rausch Verhältnis beträgt an dieser Stelle ungefähr 50 (Abbildung 5). Der Heizstrom von 1A ist groß genug um gut sichtbare Signale zu erhalten, jedoch noch so klein, dass der Anteil des Rauschsignals in der Messung gering bleibt. Die in die Messpunkte gefitteten Kurven sollen nur den ungefähren Verlauf der Messpunkte sichtbar machen, sie haben keine physikalische Bewandnis.

Nun wurde bei möglichst konstanter Temperatur mit der eigentlichen Messung begonnen. Dazu wurde der Detektorstrom bei konstantem Magnetfeld in Abhängigkeit der Mikrometerschraubenposition aufgezeichnet. Begonnen wurde ohne Magnetfeld und die Mikrometerschraube wurde in gleichmäßigen Schritten von der minimal einstellbaren, bis zur maximal einstellbaren Position verschoben und die Strahlintensität an der jeweiligen Stelle gemessen. Dieses Vorgehen wurde für 3 weitere Magnetfeldstärken wiederholt, wobei der Spulenstrom für jede neue Messung um 0,5A erhöht wurde.
Nach Abschluss der letzten Messung wurde der Magnet wieder entmagnetisiert und der Ofen auf seine Maximaltemperatur aufgeheizt. Schließlich wurde der

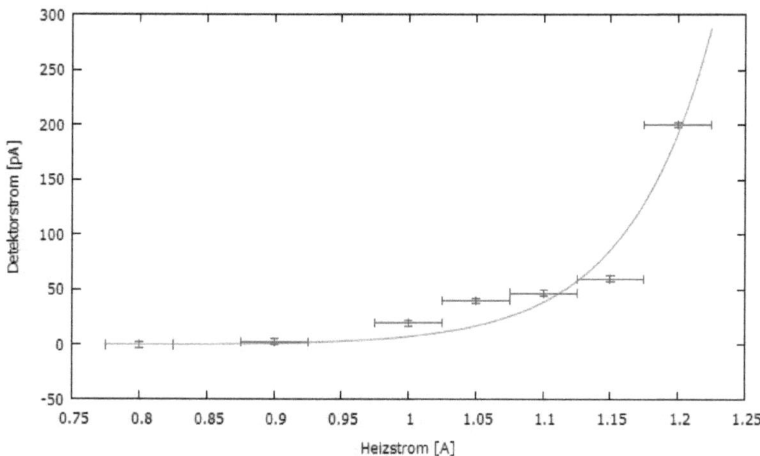

Abbildung 4: Detektorstrom in Abhängigkeit des Heizstromes bei geschlossenem Strahlengang.

Heizstrom des Ofens abgeschaltet, damit sich dieser gleichmäßig abkühlt und es wurde der Detektorstrom im Strahlmaximum in Abhängigkeit der Temperatur gemessen. Aus diesen Daten soll die Verdampfungsenthalpie von elementarem Kalium bestimmt werden.

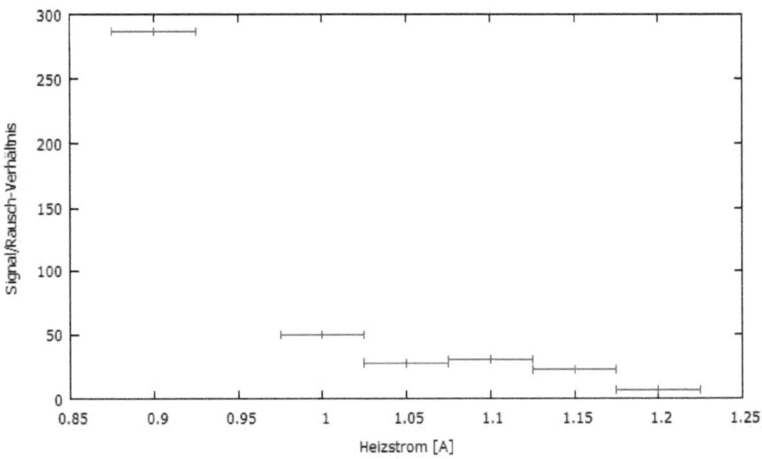

Abbildung 5: Signal-Rausch-Verhältnis in Abhängigkeit vom Heizstrom.

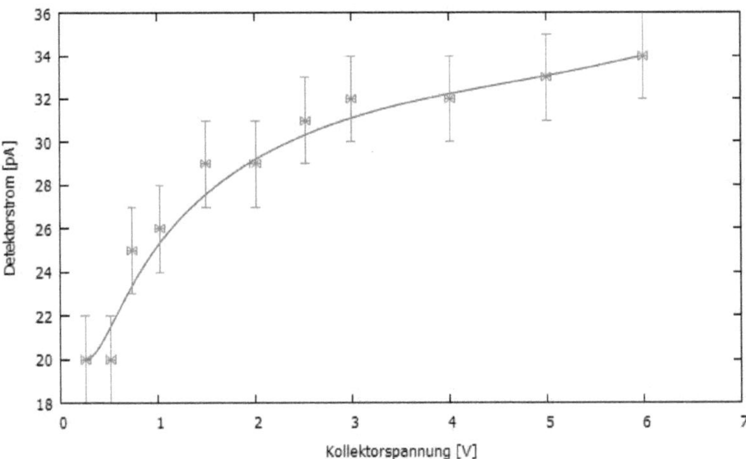

Abbildung 6: Detektorstrom in Abhängigkeit der Kollektorspannung bei geschlossenem Strahlengang.

4 Zusammenfassung Strategie der Messung

Im Folgeneden wird die Strategie der Messung bzw. Auswertung in Anlehnung an XX kurz zusammengefasst . Die ausführliche Betrachtung ist erneut in obigem Musterprotokoll nachzulesen.

Durchfliegt ein Kaliumatom das Gradientenfeld so erfährt es eine Beschleunigung senkrecht zur Flugrichtung und erhält somit einen Impuls. Dieser ist von der Anfangsgeschwindigkeit abhängig und man erhält somit für den Betrag der Ablenkung:

$$z(v) = \frac{\mu \cdot \partial_z B_z \cdot d_1 \left(\frac{d_1}{2} + d_2\right)}{Mv^2} \tag{1}$$

Die einzelnen Größen sind in XX definiert.
Die Geschwindigkeitsverteilung der Kaliumatome wird durch die Maxwell-Boltzmann Verteilung beschrieben. Zusätzlich besteht eine Proportionalität zwischen Austrittswahrscheinlichkeit und Geschwindigkeit. Es ergibt sich letztenendes eine Intensitätsverteilung als Funktion der normierten Ablenkung $\zeta = z/z(v_0)$:

$$h(\zeta) = \frac{1}{\zeta^3} e^{-\frac{1}{\zeta}} \tag{2}$$

Das Maximum liegt hier bei $\zeta = 1/3$.

Aufgrund der Eigenschaften des Langmuir-Taylor Detektors und der Streuung der Kaliumatome am Restgas wird die Auflösung begrenzt. Selbst ohne Magnetfeld wird eine Strahlbreite, basierend auf der Geometrie des Aufbaus von 0,2mm erwartet. Dies ligt bereits in der Größenordnung der Aufspaltung und muss somit bei der Auswertung berücksichtigt werden. Dies geschieht indem die Auflösungsfunktion $R(z - \bar{z})$ mit der Intensitätsverteilung $h(z)$ (vgl.GLXX) gefaltet wird. Die Auflösungsfunktion kann bei entmagnetisierten Magneten gemessen werden und sollte unabhängig von der erwarteten Ablenkung $\bar{z}$ sein. Der Signalverlauf ergibt sich dann zu:

$$h_{gemessen}(z) = \int R(z - \bar{z}) h(\bar{z}) d\bar{z} \tag{3}$$

Dies muss beim Fit an die Daten berücksichtigt werden.

5 Auswertung

In diesem Abschnitt folgt nun die Auswertung für den Landé-Faktor und die Verdampfungsenthalpie von Kalium.

5.1 Landé-g-Faktor

Die Messdaten mit zugehörigen Parametern sind in Tabelle 1 und Tabelle 2 zu sehen. Durch die Auswertung soll nun der Landéfaktor g bestimmt werden. Wie oben beschrieben wird die Faltung der Intensitätsverteilung mit der Auflösungsfunktion (vgl. Gleichung 3) verwendet. Diese muss nun zunächst bestimmt werden. Die Auflösung bleibt über den Versuch konstant, sodass der Fit an die Messdaten ohne Magnetfeld als Auflösungsfunktion verwendet werden kann. Hier wird eine Breit-Wigner Verteilung an die Messwerte gefittet. Das Ergebniss ist in Tabelle 3 und Abbildung 7 zu erkennen.

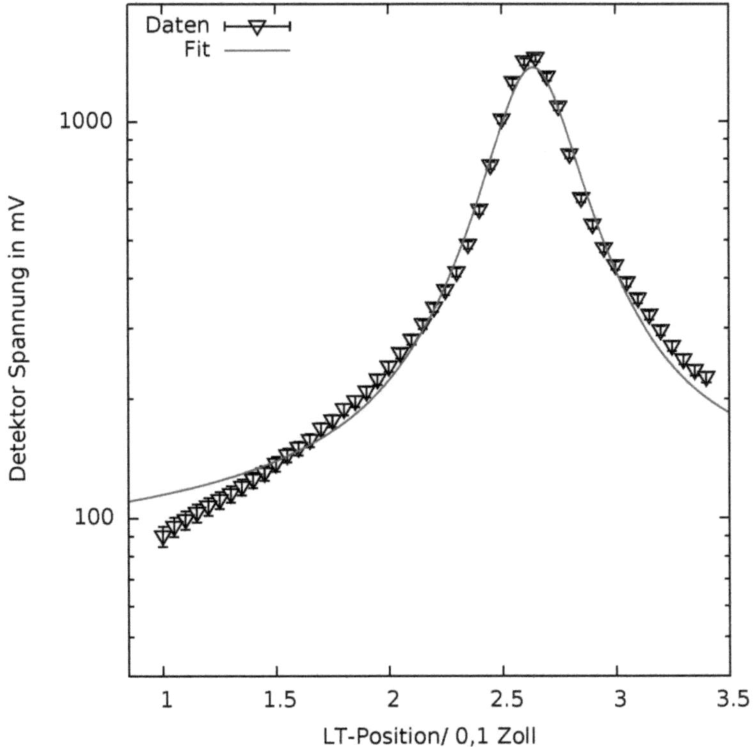

Abbildung 7: Auflösungsfunktion mit zugehörigem Breit-Wigner Fit

Tabelle 1: Messdaten für die Auflösungsmessung und für verschiedenen Stromstärken I_B des Magnetes mit zusätzlichen Parametern (Magnetfeldstärke B, z-Komponente des Gradientenfeldes $\partial_z B_z$, Thermospannung U_{Th} des Thermometers mit zugehöriger Temperatur T, erwartete Ablenkung von der Auflösungsfunktion z_0).

Messung	1	2	3	4
I_B/A	0	0,5	1	1,5
B/T	0	0,32	0,63	0,85
$\partial_z B_z$ T/m	0	54,70	107,95	146,78
U_{Th}/mV	9,358	9,126	9,433	9,273
T/K	467,557232	464,51576	462,325176	466,018392
$z_0/0{,}1''(\text{g=2})$	0	0,43966347	0,87179002	1,17595684
Position/0,1''	I_{Det}/pA	I_{Det}/pA	I_{Det}/pA	I_{Det}/pA
1	90	123	175	200
1,05	95	127	181	205
1,1	99	133	188	213
1,15	103	139	197	224
1,2	107	146	205	231
1,25	111	152	214	238
1,3	115	160	222	247
1,35	120	168	233	255
1,4	125	177	245	268
1,45	130	186	254	270
1,5	137	197	266	281
1,55	144	208	278	291
1,6	150	222	292	300
1,65	157	236	305	310
1,7	168	254	320	315
1,75	176	270	333	318
1,8	188	288	346	327
1,85	197	311	358	330
1,9	208	336	372	332
1,95	223	360	384	331
2	240	388	390	327
2,05	259	424	400	321
2,1	280	460	401	313
2,15	306	493	402	296
2,2	337	530	388	280
2,25	372	560	370	263
2,3	413	574	348	243
2,35	485	577	322	222
2,4	595	563	266	205

Tabelle 2: Fortführung Tabelle 1

Position/0,1"	I_{Det}/pA	I_{Det}/pA	I_{Det}/pA	I_{Det}/pA
2,45	769	528	272	192
2,5	1010	490	241	182
2,55	1260	449	233	175
2,6	1420	429	225	169
2,65	1450	426	235	168
2,7	1300	444	240	170
2,75	1090	483	248	172
2,8	820	532	263	177
2,85	636	560	286	189
2,9	546	586	314	203
2,95	475	592	342	220
3	430	578	364	242
3,05	390	555	389	260
3,1	355	522	403	278
3,15	323	488	409	300
3,2	295	454	411	314
3,25	270	422	406	324
3,3	250	385	400	333
3,35	235	358	390	335
3,4	226	346	383	336

Tabelle 3: Ergebnisse des Fits der Auflösungsfunktion

Amplitude a	842 ± 21
Zentrum m	$2,640 \pm 0,005$
Halbwertsbreite s	$0,43 \pm 0,02$
Offset c	97 ± 6

Mit Hilfe der bestimmten Auflösungsfunktion soll nun nach oben beschrieben Schema und nach Gleichung 3 die Intensitätsverteilungen gefittet werden. Die Faltung ist jedoch nicht analytisch lösbar, weswegen diese durch eine Summe mit 251 äquidistanten Schritten berechnet wird. Der Fit bei den verschiedenen Magnetstromstärken mit linearem Offset ist in Abbildung 8, Abbildung 9, Abbildung 10 zu sehen und die Fitergebnisse in Tabelle 4 angegeben.

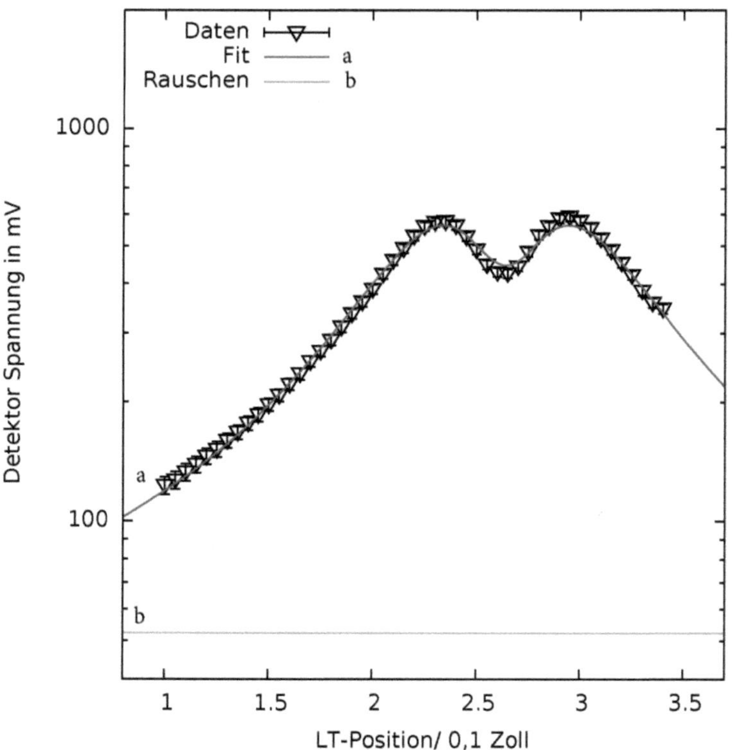

Abbildung 8: Fit bei Magnetstromstärke $I_B = 0,5$A

Aufgrund der unbekannten Größe der Fehler auf die Intesitätsverteilung wurde hier der Fit auf ein reduziertes $\chi^2 = 1$ skaliert und die daraus resultierenden Fehler angegeben.

Tabelle 4: Ergebnisse der Fits für verschiedene Magnetstromstärken mit statistischen Fehlern.

Messung	1	2	3
Magnetstromstärke I_B/A	0,5	1,0	1,5
g-Faktor	$1,68 \pm 0.02$	$1,66 \pm 0.02$	$1,69 \pm 0.01$
Amplitude a	952 ± 26	960 ± 14	953 ± 6
Zentrum m	$2,64 \pm 0,01$	$2,630 \pm 0,005$	$2,661 \pm 0,002$
Achsenabschnitt des Offsets c	52 ± 10	66 ± 5	73 ± 2
Steigung des Offsets b	0 ± 5	8 ± 2	7 ± 1

Bei der weiteren Fehlerbetrachtung wird erneut auf XX zurückgegriffen. Hier wird beschrieben, dass nach einer Reinigung der Apperatur das Magnetfeld nicht erneut vermessen wurde, wobei schon ein zusätzlicher Luftspalt in der Größenordnung von 0,1mm das Magnetfeld sehr stark verändert, sodass hier ein Fehler von 5% angenommen werden muss. Dies dominiert alle anderen Fehler und wird als relativer Gesamtfehler auf die erwartete Ablenkung angenommen. Dies resultiert in einer Variation von g um $\mp_{5,4}^{4,8}\%$.

Es ergibt sich als Ergebnis für den Landé-Faktor des Elektrons:

$$g = 1,676 \pm 0,015(stat.) \pm_{0,080}^{0,090} (syst.) = 1,676 \pm 0,085(gesamt) \qquad (4)$$

Das Ergebniss stimmt selbst innerhalb der Fehler nicht mit dem Literaturwert überein. Dies lässt auf einen noch nicht genau verstandenen und lokalisierten systematischen Fehler schließen. Unterstützt wird dies auch dadurch, dass alle g-Werte konstant unterhalb des Literaturwertes liegen. Eine mögliche Ursache könnte, trotz der Beachtung im Fehler, dennoch das nicht genau vermessene Magnetfeld sein.

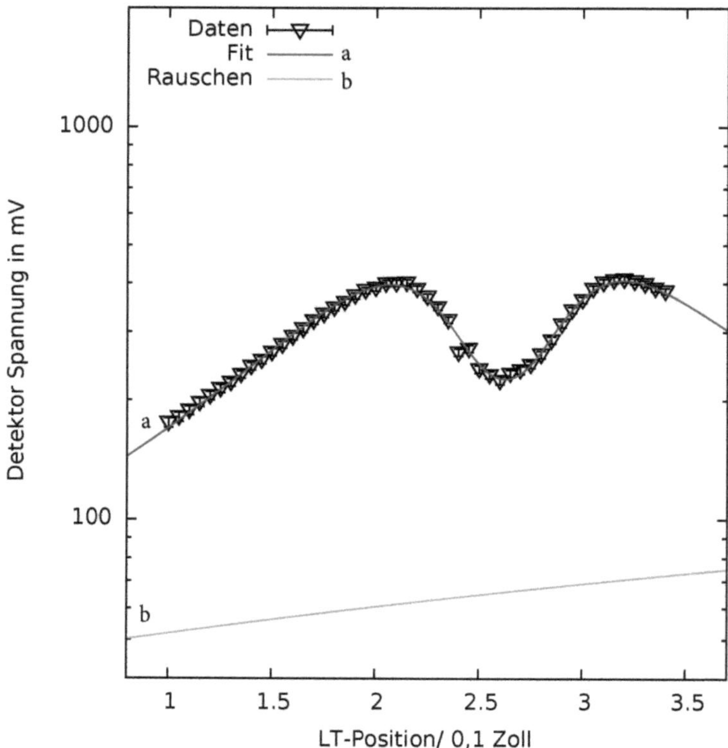

Abbildung 9: Fit bei Magnetstromstärke $I_B = 1A$

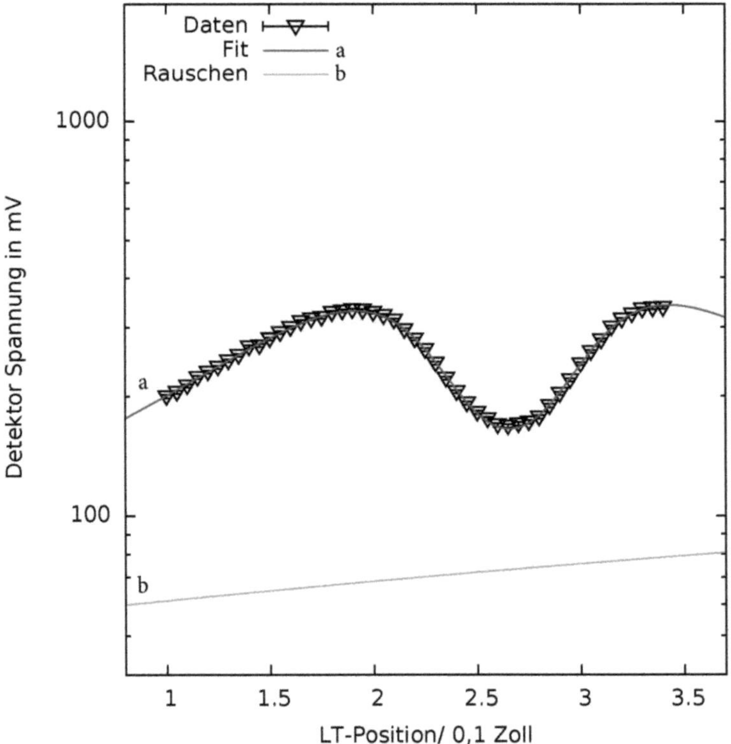

Abbildung 10: Fit bei Magnetstromstärke $I_B = 1,5\mathrm{A}$

5.2 Verdampfungsenthalpie von Kalium

Im Rahmen des Versuches sollte die Verdampfungsenthalpie von Kalium bestimmt werden. Hierzu wurde der Abfall des Detektorstroms mit sinkender Ofentemperatur ohne angelegtes Magnetfeld beobachtet. Dabei sollte der Detektorstrom, der ein Maß für die Intensität des Atomstrahls ist, der Clausius-Clapeyron Gleichung folgen:

$$I(T) = I_0 \cdot e^{\frac{\Delta H}{kT}} \tag{5}$$

(ΔH =Verdampfungsenthalpie von Kalium ;
k =Boltzmannkonstante$\approx 8,62 \cdot 10^{-5}\frac{eV}{K}$).

Die Ergebnisse wurden auf einer halblogarithmischen Skala gegen T^{-1} aufgetragen und mit einer abfallenden Exponentialfunktion gefittet:

$$f(x) = a + b \cdot e^{-\frac{x}{m}} \tag{6}$$

Die Messpunkte sind in Abbildung 11 grafisch aufgetragen.

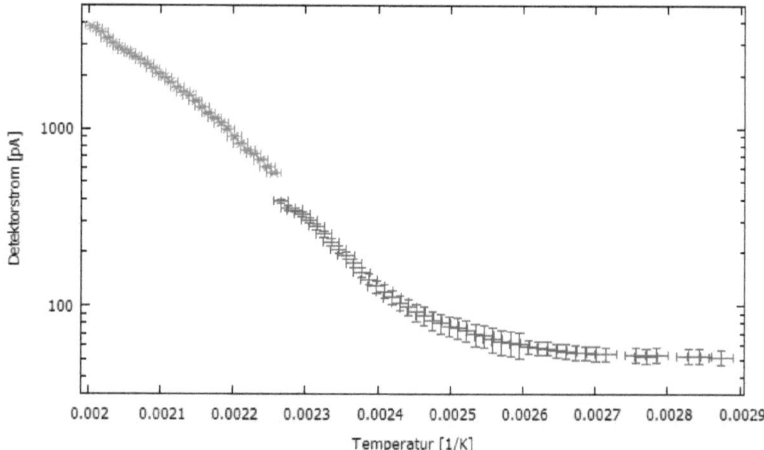

Abbildung 11: Messwerte zur Verdampfungsenthalpie von Kalium logarithmisch aufgetragen.

Wie in Abbildung 11 zu erkennen ist, gibt es scheinbar bei ca. $0{,}0023\frac{1}{K}$ einen plötzlichen Abfall des Detektorstroms, der höchstwahrscheinlich durch einen Skalenwechsel des Messgerätes hervorgerufen wurde, was eine Offseteänderung zur Folge hatte. Durch diesen Sprung in den Messdaten führt es nicht zu sinnvollen Ergebnissen, einen einzigen Fit durch alle Messpunkte zu legen. Um dieses Problem zu umgehen, wurden der obere (Abbildung 12) bzw. der untere Teil (Abbildung 13) der Messpunkte einzeln gefittet und der Mittelwert über die Fitparameter gebildet, um die Verdampfungsenthalpie von Kalium möglichst genau zu bestimmen.

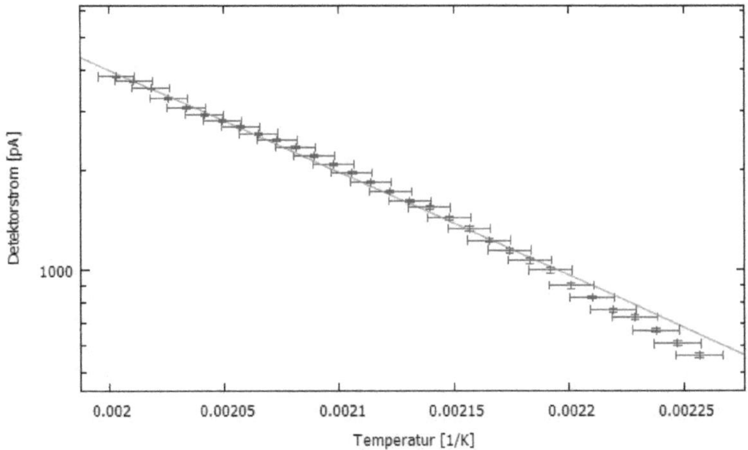

Abbildung 12: Fit durch den oberen Teil der Messpunkte. (Fitparameter: $a = 0$; $b = 5,835 \cdot 10^9$; $m = 14,092 \cdot 10^{-5}$; $\chi^2 = 358,7$)

Bei der verwendeten Fitfunktion gilt für den Parameter $m = \frac{k}{\Delta H}$, weswegen für die Verdampfungsenthalpie gilt:

$$\Delta H = \frac{k}{m} \tag{7}$$

Benutzt man diese Formel, um ΔH für die beiden Fits auszurechnen und bildet den Mittelwert, kommt man zu einem Ergebnis von:

$$\Delta H_K = 0,76 \pm 0,04 eV. \tag{8}$$

Dieses Ergebnis liegt zwar unter dem Literaturwert von $0,7967 eV$ **??** jedoch noch innerhalb der Fehlertoleranz der Messung.

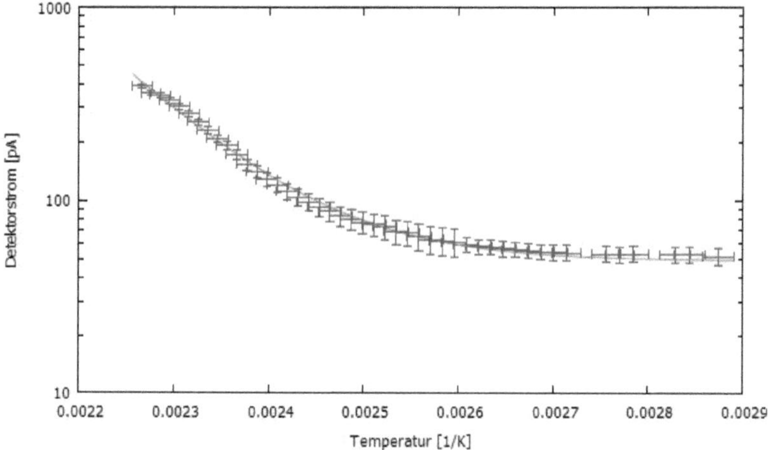

Abbildung 13: Fit durch den unteren Teil der Messpunkte. (Fitparameter: $a = 48,6826$; $b = 9,756 \cdot 10^{12}$; $m = 9,433 \cdot 10^{-5}$; $\chi^2 = 53,2$)

6 Fazit

Durch die Kalibrationsmessungen konnte ein geeigneter Arbeitspunkt bei 6V Kollektorspannung und 1A Heizstrom gewählt werden. An diesem Punkt liegt das Signal/Rausch-Verhältnis bei 50 und der Heizstrom ist hoch genug, um den LT-Detektor effizient betreiben zu können. Durch diese Wahl des Arbeitspunktes konnten bei den folgenden Messungen gute Messwerte mit geringem Untergrundrauschen erzielt werden.

Die Aufspaltung einen Kaliumatomstrahles konnte beobachtet werden und unter Berücksichtigung der experimentellen Auflösung analytisch bestimmt werden. Die Messung des Landé-Faktors ergab einen Wert von:

$$1,676 \pm 0,085 \tag{9}$$

Die Nicht-Übereinstimmung mit dem Literaturwert lässt auf einen systematischen Fehler schließen, welcher vermutlich in der Magnetfeldmessung liegt. Einer genauere Überprüfung des Magnetfeldes würden höchstwahrscheinlich bessere Ergebnisse folgen.

Bei der Messung zur Verdampfungsenthalpie von Kalium kam es durch einen Skalenwechsel zu einem Sprung in den Messdaten, weswegen die Fitparameter nicht zu sinnvollen Ergebnissen führten. Umgangen werden konnte dieses Problem dadurch, dass der obere Teil und der untere Teil der Messwerte getrennt gefittet, jedoch zusammen ausgewertet wurden. Als Mittelwert ergibt sich für die Verdampfungsenthalpie von Kalium ein Wert von $\Delta H_K = (0,76 \pm 0,04)eV$, welcher innerhalb der Fehlertoleranz mit dem Literaturwert von 0,797eV übereinstimmt. Für die Verhältnisse der Messung konnte so ein sehr genaues Ergebnis erzielt werden.

Literatur

[1] Spektrum.de-Stern-Gerlach-Versuch (http://www.spektrum.de/lexikon/physik/stern-gerlach-experiment/13847 (18.1.2016)

[2] Musterprotokoll zum Stern-Gerlach-Versuch von Klaus Hamacher

[3] http://www.periodensystem.info/elemente/kalium/(18.1.2016)